世界古树奇木

THE GROTESQUE OLD TREES IN THE WORLD

主　编　陈　策　唐天林　卢元贤
副主编　唐泽彦　邵　律　杨　锐　周展雷　连国旺　金文渊

華中科技大學出版社
http://www.hustp.com
中国·武汉

顾　问　李秉滔

主　编　陈　策　唐天林　卢元贤

副主编　唐泽彦　邵　律　杨　锐　周展雷　连国旺　金文渊

参编作者名单：

陈　策　广州市林业和园林局 教授高级工程师

唐天林　上海天演生物公司 董事长

白嘉雨　中国林业科学研究热带林业研究所 研究员

潘伯荣　中国科学院新疆生态与地理研究所 研究员

邢福武　中国科学院华南植物园 研究员

叶华谷　中国科学院华南植物园 研究员

吴劲章　广州市林业和园林局 原副局长

李凯夫　华南农业大学材料与能源学院 教授

唐泽彦　美国 Suffeid Academy 中学

朱亮锋　中国科学院华南植物园 研究员

陈红锋　中国科学院华南植物园 研究员

易思荣　重庆市药物种植研究所 研究员

李世晋　中国科学院华南植物园 副研究员

吴玉虎　中国科学院西北高原生物研究所 副研究员

邵　律　大唐（香港）产业投资基金会

段士民　中国科学院新疆生态与地理研究所 副研究员

李振魁　华南农业大学 副教授

孙永学　华夏京都书画院 客座教授

周厚高　仲恺农业工程学院 教授

叶永昌　东莞市林业科学研究所 林业研究员

叶育石　中国科学院华南植物园 园艺中心姜园主管

年介海　广州市 113 中学 数学高级教师

郑　珺　广州医学院附属肿瘤医院 教授

邓和大　肇庆金龙珍贵树种研究基地 高级工程师

代色平　广州市林业和园林科学研究院 教授级高级工程师

邹　斌　广东乐昌市林业局 高级工程师

黄林生　广东石门台国家级自然保护区 高级工程师

易绮斐　中国科学院华南植物园 副研究员

林永标　中国科学院华南植物园 高级工程师

卢元贤 中国美林湖生态园 总经理
李策宏 峨眉山生物资源实验站 工程师
刘东明 中国科学院华南植物园 副研究员
朱　强 宁夏林业研究院国家重点实验室 助理研究员
张　林 四川峨眉山金顶索道公司 影友
侯元凯 中国林业科学研究院经济林研究开发中心 副研究员
夏　聪 广州市林业和园林科学研究院 高级工程师
沈　宁 江门市江海区绿化管理所 工程师
黄玉叶 江门市江海区绿化管理所 工程师
李建立 上海邦伯现代农业公司 经理
王维新 宁夏银川艾哈德餐饮管理有限公司 总经理
杨　锐 上海欧思景观设计工程有限公司 设计总监
陆耀东 广东碧然美景观艺术有限公司 教授级高工
张荣京 华南农业大学生科院 副教授
柯　欢 佛山市林科所 高级工程师
王旺青 宁夏银川青青室内家装 设计师
连国旺 江西森鑫园林发展有限公司 董事长
陈家耀 广东韶关市林科院 高级工程师
周劲松 广州中医药大学 副教授
宋　鼎 云南昆明理工大学 工程师
周展雷 浙江萨芬戴家俬有限公司 副总经理
秦新生 华南农业大学 副教授
王少平 中国科学院华南植物园 副研究员
袁丽如 峨眉山林业管理所 助理工程师
陈丽晖 广东肇庆学院 副教授
孙本尧 江苏东海县海陵林场 农艺师
王　斌 广州百彤文化传播有限公司 摄影师
徐建雄 广东乐昌市城建局 工程师
陈葵仙 东莞市林业科学研究所 园林工师
刘　文 广州市林业和园林科学研究院 工程师
李伟雄 广东省林业科学研究院、园林高级工程师
莫炳友 广东连州林业局 工程师

陈策

园林高级工程师。河南农业大学本科毕业，后入读北京林业大学园林专业。原广州市林业局总工程师、广州市林科所所长、国家林业部特聘研究员，长期在郑州市、北京市、惠州市、广州市的林业及园林部门从事技术工作。出版有《中国南方阔叶树林》《南方优良乡土树种》《龙门县南昆山植物名录》《中国竹子分类》《梅花》《广州市园林花卉教材》《华南优良园林树木图谱》《玫瑰鉴赏与文化》《世界国花与名花》和文学作品《情归何处》；收藏专著《北宋崇宁钱币图谱》《电话磁卡鉴赏与收藏》等四十多部著作。在国家专业刊物发表文章33篇，国外杂志发表论文2篇，获部、省、市科技先进奖共6次。现任广州国际湿地生态保护与建设联合会会长、首席专家。

唐天林

男，汉族，重庆市人，研究生学历，高级工程师。现任（曾任）职务：天演生物董事、总工程师，新疆杨树科学研究院院长；上海市政协委员会常委，上海市科学技术协会常委，上海市青联常委；2005年起获享受国务院政府特殊津贴专家；民建中央委员、新疆维吾尔自治区民建第四届委员会副主委，全国青联九、十、十一届委员，中国青年科协理事，银川大学校董；新疆维吾尔自治区青联2004—2011年第七届副主席，自治区

政协八、九、十届委员；中国林业产业协会副会长，中国林业经济学会常务理事，复旦大学高级访问学者（师从著名科学家、民主人士谈家桢先生）；2000 年“中国十大杰出青年”、2005 年“中国‘五四’青年奖章”候选人；多部著作、十多项科技成果、5 个木本植物良种、3 个国家木本植物新品种（为第一主持人）、全国绿化先进集体、全国绿化奖章、全国先进科技工作者等数十项省部和国家荣誉获得者。

卢元贤

男，1974 年 9 月生，广东清远人，资深园林工程师，现任广州市花都区美林湖生态园总经理，从事园林工作二十年，始终奋战在园林景观营造的第一线，对于园林设计、施工、养护具有丰富的经验，亲自主持施工、设计别墅景观、楼盘景观、城市绿化、道路绿化工程项目多达百项，遍布南方各省。近几年参与美林湖万亩油茶基地建设和生态园乡村旅游开发初见成效，特别是在美林湖澳洲互叶白千层（Melaleuca ahemifolia）的种植、精油（茶树油）提取方面正与国内知名专家深入合作，使精油质量达到或超过澳洲及国际标准。不仅如此他还潜心钻研植物学、园林学，在园林植物栽培与应用方面有独到的见解，并应用于景观设计和施工。

先后参与主编了《芳香药用植物》《三香宝典——降香 · 檀香 · 沉香的树种栽培与应用》《园林树木移植技术》《世界古树名木》《荷花 · 睡莲——鉴赏、栽培与应用》等多部专业图书。

序

《世界古树奇木》荟萃了中外古树之精华。古树是城市和林业资源中的瑰宝，是自然界的璀璨明珠。收录其中的古树或以姿态奇特、观赏价值极高而闻名，或是名胜古迹的佳景，从历史文化角度看，古树奇木被称为“活文物”和“活化石”，因其有着丰富的政治、历史、人文和自然内涵，是一座城市、一个地方文明程度的标志；也是一部融科学性、知识性、史料性和趣味性于一体的图书。从植物生态角度看，古树奇木大多为珍贵树木，有的还是珍稀濒危树种，在维护生物多样性、生态平衡和环境保护中有不可替代的作用。

印度农业大学德斯教授对森林中一棵树的生态价值的计算结果是：一棵生长 70 年的树产生氧气价值为 43600 美元；吸收有毒气体防大气污染价值 87500 美元；防土壤侵蚀，增加肥力可创收 43600 美元；涵养水源价值 52500 美元；产生蛋白质价值 3500 美元；为鸟类提供繁衍场所价值 43750 美元。不包括花果和木材的价值各项效益的总和达 274000 美元。这一分析引起学界广泛关注。

而古树的意义不仅是绿化、美化环境，更是一种独特的自然和历史景观，是一种不可再生的自然和文化遗产，是人类社会历史发展的佐证，具有重要的科学、历史、人文与景观的价值。一般讲百年以上的大树即为古树，世界上长寿树大多是松柏类、栎树类、杉树类、榕树类以及槐树、银杏树等。古树是优良种源基因的天然仓库。从小苗开始生长经受了千百年的洗礼而顽强地生存下来的，往往孕育着该物种中某些优秀的基因，如长寿基因、抗性基因以及其他有价值的基因等。这些是植物遗传改良的宝贵种质材料。每一棵古树都是一部珍贵的自然史书，粗大的树干蕴藏着几百年乃至几千年的气象水文资料，可以显示古代的自然变迁，为我们研究历史气候、地理环境提供了宝贵的资料。古树对研究古植物、古地理、古水文以及古气候等也具有重要的应用和参考价值。古树是研究自然史的重要资料，它复杂的年轮结构，蕴含着古水文、古地理、古植被的变迁史。古树不仅有生物多样性和物种基因库的科学价值，还具有极高的人文、历史与景观价值。

中国传统文化讲求天人合一，人与自然和谐发展，这是中国人最基本的思维方式，在中国人的生活中，天人合一不仅仅是一种思想，而且是一种状态。古时中国人在房前屋后有种树的习俗，并且有一定的讲究。树木兴盛，那么宅也必发旺，树木败落那么宅必衰落，如果草木繁茂旺盛富有生气，有护荫地脉，这就是富贵之局。古代朝廷门外种植三棵槐树，就象征着司马、司徒、司空三公。爱树种树的古代诗人有很多，读他们的诗，就能读出片片新绿和参天的姿态。爱国诗人辛弃疾曾在带湖新居种树，并写词《水调歌头》：“东岸绿荫少，杨柳更须栽。”唐代诗人杜甫爱桃、竹，他住处附近的景色是“红入桃花嫩，青归柳叶新。”“平生憩息地，必种数杆竹。”据史料记载，他因战乱流浪四川成都浣花溪时，向驻地熟人要桃树苗，“奉乞桃栽一百根，春前为送浣花村”就是生动写照。

一棵古树，就是一段活的历史。古树是人类历史的见证，阅尽了世间风云，经历了沧桑巨变，以其特有的风姿体现了自然的神奇和人类的历史。位于陕西省黄陵县桥山黄帝庙中的轩辕柏，相传为轩辕黄帝手植。相传，黄帝定居桥山后，曾遇山洪暴发，人民生命财产遭受巨大损失。他巡查发现，是人们砍光了山上的树木酿成的灾害，于是就动员人民植树造林。这株古柏就是黄帝带头植树保留下来的。虽经历了5000余年的风霜，至今干壮体美、枝叶繁茂，树冠覆盖面积达178平方米，树围号称“七搂八扎半，疙里疙瘩不上算”。

许多古树经历过朝代的更替，人民的悲欢，时转星移，有化腐朽为神奇的力量，带给人们精神启迪。位于台湾阿里山的三代木，由于三代同一根株，枯而复荣，所以称它为三代木。横倒在地上的古老树根是树龄1500年的第一代。枯死后经过250年，一颗种子偶尔飘落其上，藉枯树为养分，又生长第二代，二代木根老壳空，经过300年又生出第三代，枝叶茂盛。

东方文化讲静守定，静生慧。愿我们在默默无言的树下静坐、静思，获得心灵的宁静，智慧的启迪。碧云天，和风里，枝叶在风中哗哗作响，等有心人停下来，看一看它们的风骨，听一听它们的故事……

本书作者陈策和其他编者们花费了大量的时间踏遍世界许多角落，收集古树奇木，为了保护和传承这些古老树木，付出了艰辛的努力，有时为了拍摄一棵古树要跑几百或几千公里，其中经历了很多险境，有热带雨林的恐怖、非洲的探险和日本大地震的惊险，也称得上是奇人奇事。该书内容丰富，结构新颖，图文并茂，可读性强，对古树的文化遗产研究、生态研究、园林绿化、林业科研、城市建设均有重要的参考价值。

李秉滔

2016年12月

序二

在我们生活的地球上分布众多古树和奇木，它们是人类探索大自然奥秘的金钥匙，它们是记录地球巨变的活化石。在我在近四十年“木与树”的钻研历程中，“敬树、爱木、痴木”之情油然而生，斗胆提出“人木相通说”，旨在揭示人与木、人与树亲近之源。每当仰望古树和奇木，敬畏之情难于言表，人与树都由细胞构成，细胞是生命系统结构层次的基石，离开细胞就没有神奇的生命乐章，更没有地球上那瑰丽的生命画卷。

美丽的地球给人类提供了青山绿水，花草树木，清新空气，清澈河流，神秘森林，珍贵植物。白垩纪早期陆地上的裸子植物和蕨类植物仍占统治地位，松柏、苏铁、银杏、真蕨及有节类组成主要植物群。被子植物开始出现于白垩纪早期，中期大量增加，到晚期在陆生植物中居统治地位，山毛榉、榕树、木兰、枫、栎、杨、樟、胡桃、悬铃木等都已出现，接近新生代植物群的面貌。现代森林的形成和发展经历了一个漫长的演化过程，在晚古生代的石炭纪（距今 3.5 亿年）和二叠纪（距今 2.95 亿年），由蕨类植物的乔木、灌木和草本植物组成大面积的滨海和内陆沼泽森林。中生代的晚三叠纪（距今 2.5 亿年）、侏罗纪（距今 2.08 亿年）和白垩纪（距今 1.37 亿年）为裸子植物的全盛时期。在中生代的晚白垩纪（距今 1.05 亿年）及新生代的第三纪（距今 0.6 亿年），被子植物的乔木、灌木、草本相继大量出现，遍及地球陆地，形成各种类型的森林，为最优势、最稳定的植物群落。

古树是指生长百年以上的老树，奇木是指具有社会影响、闻名于世的名树，树龄也往往超过百年。生长百年以上的古树和奇木已进入缓慢生长阶段，干径增粗极慢，形态上给人以饱经风霜、苍劲古拙之感。众多古树和奇木饱经风霜，记录了地球植被物种演变的宝贵信息，对研究当今世界植物区系的发展和研究古生物、古气候、古地理、古地质、森林文化等都具有重要意义。本书收集了大量珍贵资料与照片，作者亲临实地考察，整理编写了《世界古树奇木》，让广大读者从中认识和欣赏古树奇木，更多地认识森林，激发人们珍惜和保护森林的热情，共同保护人类赖以生存的家园。

《世界古树奇木》是历史的见证，书中记载的许多古树奇木经历了朝代的更替，人民的悲欢，世事的沧桑，可借以撰写说明，普及历史知识。《世界古树奇木》为森林文化艺术增添光彩，书中记载的许多古树奇木是历代文人咏诗作画的题材，往往伴有优美的传说和奇妙的故事。《世界古树奇木》记载了名胜古迹的佳景，给人以美的享受。《世界古树奇木》是研究自然史的重要资料，书中记载的许多古树奇木蕴含着古水文、古地理、古植被的变迁史。《世界古树奇木》出版必将受到人们的关注与欢迎，在此，对本书作者付出的努力与贡献表示衷心感谢。

李献

2016-11-11

前言

森林是地球的绿色宝库，它是大自然赐给人类的瑰宝，而各种各样的古树奇木不仅是人类探索大自然奥秘的钥匙，也是记录地球沧海桑田巨变的珍贵资料。例如，现存非洲的一株有6000多年树龄的猴面包树，树干胸围达4米，树中开设的酒吧可坐数十人品酒聊天，在树洞中，仍保存着非洲卡拉哈里沙漠土著居民生活的痕迹，以及早期探索家留下的印记。在我国河南省嵩山的少林寺附近，有两株5000多年树龄的古柏，据传是汉武帝刘彻册封的将军树。在陕西黄帝陵生长的千年古柏，在西藏自治区林芝的珍贵古树群落等。在一亿多年前遍布地球的银杏、桫椤、水杉和银杉，由于第四纪冰川浩劫，现在世界绝大多数地方已经绝迹，但它们却在我国存活了下来，这些经历了地球气候的变化，饱经风霜而幸存下来的古树，记录了近万年地球植被物种演替的信息，对我们研究当今世界植物区系的发展和研究古生物、古气候、古地理、古地质等都具有重要意义。

在柬埔寨的吴哥窟，有面积达万亩的千年古树林，林中有数以百计的千姿百态的古树，是名副其实的古树王国；在越南胡志明市的大街小巷，参天大树随处可见；在印度首都新德里市，遍布各区的自然生态林，这都是在千万人口的大城市中难得一见的林业奇观。

现在地球上大量的森林植被被人类肆意地开发而遭受破坏，地球上的物种正在不断减少，全球气候变暖使冰川融化和海平面逐渐升高，极端恶劣气候的不断出现，使人类生存的环境受到了严重威胁。我们编撰本书的宗旨是让广大读者从认识和欣赏古树奇木中更多地认识森林，让大家一起来珍惜和热爱森林、保护森林、保护人类赖以生存的生态环境。

笔者早年在河南农业大学和北京林业大学园林班学习，之后一直从事园林和林业工作，曾加入原国家林业部（现国家林业局）和中国科学院组织的国家森林考察队，跟随著名植物学家刘玉壶先生进行全国调查，先后到了云南西双版纳、福建武夷山、海南尖峰岭、广西十万大山、湖北神农架、四川峨眉山、西藏和新疆等地考察。近年来，又前往南非、澳大利亚、美国、马来西亚、越南、柬埔寨、巴西和欧洲等数十个国家和地区，搜集了大量的资料，拍摄了大量的珍贵照片。本书编写者根据多年收集的资料与照片，与热心人士、专家学者们精诚合作，在整合了各界同仁提供的图片和资料的基础上，精心编著出版了《世界古树奇木》，实现了作者几十年的夙愿，再次向大家表示衷心的感谢和致意。

陈策

2016-11-11

目 录

中国篇

• 华北地区

• 西北地区

• 华中地区

• 华东地区

• 西南地区

• 岭南地区

国外篇

一棵树的故事

印度农业大学德斯教授对森林中一棵树的生态价值的计算结果是：一棵生长七十年的树产生氧气价值为四万三千六百美元；吸收有毒气体防大气污染价值八万七千五百美元；防土壤侵蚀，增加肥力可创收四万三千六百美元；涵养水源价值五万两千五百美元；产生蛋白质价值三千五百美元；为鸟类提供繁衍所价值四万三千七百五十美元。不包括花果和木材的价值各项效益的总和达二十七万四千美元。这一分析引起学界广泛关注。

中国篇

Old Trees in China

北京市香山卧佛寺古柏树

北京香山卧佛寺门口古柏

北京植物园龙王庙三棵古槐

东沟村龙王庙外有古槐三棵，均为树龄300多年的一级古树，可证庙应建于清初。

北京香山地区曹雪芹纪念馆古槐

北京历史上素有“先安宅，后植槐”的习俗。依据植物学的粗略估计，曹雪芹纪念馆门前三棵古槐的树龄均应在400年以上。香山地区的百姓对曹雪芹住处也有“门前古槐歪脖树，小桥溪水野芹麻”的说法，这与纪念馆现在的外环境非常吻合。每至盛夏，三棵古槐枝叶茂盛，多有游人在树荫下乘凉小憩。

北京孔庙铆奸柏

铆奸柏（Sabina chinensis）位于北京市孔庙大成殿祟基石栏西侧。树高 20 m，胸围 510 cm，冠幅 19 m，树龄 700 多年，据考证为元代国子监祭酒许衡亲手所植。

←北京天坛公园九龙柏

刀龙柏位于北京天坛公园皇穹宇院外西北角（成贞门外路西侧），为明代所植，是一株树龄 500 多年的桧柏（Sabina chinensis）。古柏树干挺拔、健壮，表面凹凸盘结，似群龙缠身，故称“九龙柏”。九龙柏树高 9 m，胸径达 114 cm，冠幅直径逾 7 m，枝叶苍翠，郁郁葱葱。九龙柏由于其树干的特殊形态，成为天坛公园特有的旅游景观，民间有许多传说故事，广大游人多在此驻足欣赏。

孔庙怪柏↑

北京孔庙古圆柏。树龄 500 多年，树高 30 m，胸径 1.1 m。树顶部的枝条千姿百态。

北京昌平区蟠龙松↑

位于北京市昌平区黑山寨乡北庄村。树高 4 m，干径 75 cm，冠幅 9 m×15 m，树龄 500 多年。此树枝干盘桓交错，重复叠压达 9 层之多，不得不用几十根木桩支撑，整个造型中高外低，树体向南倾斜。登高远望似一绿丘。近看枝干无不弯曲重叠，酷似蟠龙。传说此松形态为当年延寿寺几代僧人精心盘制而成。有关专家学者认定为油松（Pinus tabuliformis）变异种，天然造就，具有很高的观赏及科研价值。

北京故宫人字柏→

北京故宫有多株人字圆柏，也称连理柏。树龄均为 500 多年。这种人字形连理柏是人工栽培和天然造化结合而成。古代皇家多植松柏，更喜欢人字柏，寓意天人合一，皇家吉祥。有的人字柏是园林工人将两棵小树在一定的高度刮去部分树皮后绑在一起，渐渐长大合生成一树干，下面成为人字形状。

←↑北京天坛罗纹柏

天坛公园有古柏近万株，其中此株罗纹柏极引人注目。树高 20 m，胸径 90 cm，树干罗丝状。

河北承德避暑山庄香炉柳

在河北省承德市承德避暑山庄的湖边生长着许多古旱柳（Salix matsudana），湖柳相依，佳景怡人。在这些古柳之中有一株形态奇特，树干基部开心呈拱形，极似香炉，人们称其为“香炉柳”。这株柳树有200年以上树龄，从形态上看，此树现存的主干是一老树之侧枝，老树枯死后其两侧部分树皮及木质部继续支持这一侧枝的生长，老树主干逐步腐朽，最后余下的部分就形成了这一香炉柳奇观。纹柏最引人注目。树高20 m，胸径90 cm，树干罗丝状。

河北丰宁九龙松

在河北省承德市丰宁满族自治区五道营乡四道营村，有一株古油松（Pinus tabulaeformis），高7.45 m，胸径2.82 m。主干浑然粗壮，倾斜生长，斑驳似麟的片片树皮，刻画着岁月风霜，充满神秘色彩。树干上生有9条枝干，横斜逸出，弯曲生长，势如蛟龙，枝头如龙首，向庭院四旁腾空而起，仰天长啸。古松冠幅26.2 m×24.3 m，覆盖面积近1亩。

山西介休市秦柏

山西省介休市西南 20 公里的秦树乡西欢村柏树岭，有一棵名垂青史的秦柏，离秦柏 4 km 的秦树村就是以秦柏而取名的。这株侧柏（Platycladus orientalis）高 15 m，胸径 395 cm，枝下高 3 m，在主干以上分成 10 个枝杈，每个侧枝平均直径近 100 cm，最大的一枝直径为 150 cm。树盘周长 16.7 m。据清乾隆年间指撰写的《介休县志》记载，其树龄已有 2400 多年。古柏虽然饱受风霜，但枝叶仍然生长繁茂，主干以上的 10 枝杈，有的巨臂凌空，宛若飞云；有的盘曲纠缠，其冠如盖；有的铁枝丛翠，风姿绰约，使整个树体构成一座奇特的绿色大厦，蔚为壮观。

山西静乐县古榆树

山西省忻州市静乐县杜家村古榆树，树龄 400 多年，树高 22 m，胸径 3 m，树干空腐，洞内可容立 20 多人。

山西太原古槐

山西省太原市南郊古槐，树龄距今 1400 多年，据传是唐朝武则天的大臣狄仁杰手植。树头开裂两杈，东南杈酷似一个鳄鱼头，形态奇特。

陕西临潼华清池皇帝陵侧柏

←陕西黄陵县黄帝庙轩辕柏

轩辕柏（侧柏 Platycladus orientalis）位于陕西省延安市黄陵县桥山黄帝庙中，相传为轩辕黄帝手植。相传，黄帝定居桥山后，曾遇山洪暴发，人民生命财产遭受巨大损失。他巡查发现，是人们砍光了山上的树木酿成的灾害，于是就动员人民植树造林。这株古柏就是黄帝带头植树保留下来的。

陕西宁强县枫杨王→

位于玉带河上游的陕西省宁强县水田坪乡水田坪村，山清水秀，景色宜人。此地有一枫杨（Pterocarya stenoptera）树当地俗称麻柳树，自然景观十分奇特。枫杨树生长在水田坪村村口；树高 46.9 m，胸径 268 cm，树冠覆盖面积 725 m^2。它是陕西目前发现最大的一株枫杨，人称“枫杨王”。枫杨树一般生长在气候湿润、土地肥厚的秦巴山区，但如此巨臂奇驱却极为少见。据有关人员介绍，“枫杨王”历经 500 余年沧桑，整个树干几乎全空，但仍枝繁叶茂，坚毅挺拔。在树高 4.5 m 处，有一个 2 m 长的洞口，裂开最宽处 1 m 有余，树基下部全部空朽，树峡口可站立 9 ～ 10 人。天然树洞成为全村的一个游乐去处，夏季酷暑常有三朋四友，围桌而坐，或玩牌取乐或叙谈家常。

陕西临潼华清池杨玉环手植石榴树

在陕西省西安市临潼区骊山的华清池五间亭前，有一株古石榴（Punica granatum）树，相传为唐代贵妃杨玉环手植。史载，杨玉环在宫中酷爱石榴花。白居易诗曰：“闲折两枝持在手，细看人间不似有。花中紫物是西施，芙蓉芍药皆嫫母。”华南池是帝王的游乐宫，为 2000 年前周幽王修建，从秦至唐代帝王都曾到此赏游。唐玄宗李隆基经常带杨贵妃到华清池作乐，杨贵妃在华清宫栽植不少石榴树，故称“贵妃石榴”。现存一株古石榴树高 8 m，胸围 160 cm，冠幅 57 m^2。树干 1 m，以上有两在侧枝生长健壮，虽经 1200 多年，仍然年年开花结果。

陕西临潼华清池石榴树

陕西府谷县府谷旱柳古树

陕西省榆林市府谷县大昌汗乡。树龄500年，树高20 m，胸径210 cm。被誉为陕西第一柳。

宁夏永宁县纳家户清真寺老槐树

位于宁夏银川市永宁县纳家户清真大寺创建于明朝嘉晋 1524 年有近 500 年历史，院内一棵老槐树相传有 110 年树龄。

青海柽柳

这片天然野生古柽柳林（Tamarix austromongolica Nakai subsp. qinghaiensis Y. H. Wu）树龄约 100 ～ 300 年。分布于我国青海黄河上游地区，本亚种为我国青海特有的地理亚种。产于青海省同德县和兴海县，生于海拔 2 650 ～ 2 740 m 的黄河岸边的洪积淤泥地、黄河河滩地、洪水流经的河床砾石地。野生分布区附近村庄的居民亦有栽植于房舍周围。

这片青海柽柳乔木天然林在世界范围内是独一无二的。它的生物多样性价值体现在三个方面：

1. 改写了人类此前关于野生柽柳为灌木或小乔木的认识；

2. 在青海成就了四个世界之最：树干最粗（376cm）、最高（16.8m）、树龄最大、分布海拔最高（2740m）；

3. 为世界天然林生态系统增加了一个新的森林类型——青海柽柳天然乔木林。

内蒙阿拉善盟额济纳旗胡杨林

内蒙古最西部的阿拉善盟额济纳旗现有胡杨林 38 万亩，是全球仅存的三大胡杨林区之一，另两处是北非的撒哈拉沙漠和新疆塔里木盆地的塔克拉玛干沙漠。

胡杨俗名胡桐，蒙古语叫“陶来”，已有一亿多年的历史，是一种生命力旺盛的沙漠植物。活着不死一千年、死后不倒一千年、倒地不朽一千年。胡杨还可在 -42.3℃ ~ 49.6℃ 的气温环境中照常存活，积水浸泡 150 天也毫无惧色。

枯死的胡杨，或挺胸，或匍匐，或仰天长啸，或悲天悯人，屹立在沙原，不肯倒下，犹如一群战死到最后的武士，悲壮而苍凉。

新疆昌吉玛纳斯平原林场白榆

在新疆维吾尔自治区玛纳斯县的玛纳斯平原林场，有一片天然的河谷林，生长着许多老榆树。其中，在林场西窝铺处有一棵最大，胸围需要3个成人手拉手才能围住。经测量此树胸径达1.34 m，树高21.5 m，冠幅面积近600 ㎡，这棵老榆树的树龄已有300多年。

新疆玛纳斯县平原林场白榆

位于新疆维吾尔自治区昌吉回族自治州玛纳斯县平原林场。白榆（Ulmus pumila）为榆科榆属，树龄 300 多年。

有成一石磊

新疆温宿县神木园白榆

新疆维吾尔自治区温宿县神木园，有一棵古白榆（右图），树龄 600 多年。白榆（Ulmus pumila）属于榆科榆属。

新疆温宿县神木园小叶白蜡

位于新疆维吾尔自治区温宿县神木园。小叶白蜡（Fraxinus sogdiana）树龄约600年。

新疆温宿县神木园白柳

位于新疆维吾尔自治区温宿县神木园。树龄约 600 年。白柳（Salix alba）为杨柳科柳属。

通天门 树种：山柳 树龄：约1100年
千年前的一棵山柳，历经风雨，倒地而生，柔
韧，扭曲难以形容。它衍生了四根枝干，在风的作
用下，是一道弧形的拱门，而地下枝干形成了一道
人生的古槛，携手迈过，天门之外天外有天。

旋风柳

新疆温宿县神木园新疆杨

位于新疆维吾尔自治区温宿县神木园。树龄500多年。新疆杨（Populus alba var. pyramdalis）为杨柳科杨属。

新疆温宿县神木园马头树

马头树树种为新疆杨（Populus alba var. pyramidalis），树龄约 1000 年。

新疆温宿县神木园白柳

位于新疆维吾尔自治区温宿县神木园内，白柳（Salix alba）为杨柳科柳属，树龄约 600 年。

新疆温宿县神木园白柳

新疆温宿县神木园白柳

新疆温宿县神木园核桃树

位于新疆维吾尔自治区温宿县神木园内，核桃（Juglans regia）为胡桃科胡桃属，树龄约 300 年。

新疆和田县无花果树

新疆维吾尔自治区和田地区和田县。无花果，维吾尔语称“安橘尔”，因花藏在花托里看不见而得名。据考证此树栽于1507年，至今已500多年。古老的它历经沧桑却毫无龙钟之态，依然枝繁叶茂，果实累累，连年新枝勃发，占地达一亩多，每年结果达2万多个，堪称无花果树之王。

新疆和田县古核桃树

位于新疆维吾尔自治区和田地区和田县巴格其镇境内的恰勒瓦西村，该树当属元代的果树，堪称老寿星。该树占地一亩，树高 16.7m，树冠 20.6 m，主干周长 6.6 m，可容游人从洞底口进入，顺着主干的树丫上端的出口爬出。国内外知名人士途经和田，必观此树，以求幸运。

新疆墨玉千年法桐

位于新疆维吾尔自治区和田地区墨玉县阿克萨拉依乡的千年法桐，维吾尔语称“其娜尔”。此树距今1000多年，树高30 m，主干直径3.5 m，主干周长11 m，7人手拉手才能合抱围住。树冠南北长30 m，东西长28 m，占地1.5亩，树身3.5 m处分七大树枝，平均周长3.5 m，平均直径1.2 m。当地人称这棵其娜尔为圣树，围着其娜尔虔诚的走7圈，将会转祸为福，一生平安。

新疆塔城夏橡树

位于新疆维吾尔自治区塔城市，树龄约300多年。夏橡树为高大落叶乔木，属壳斗科，原产欧洲巴尔干、高加索等地。三个世纪以前由欧洲传入塔城、伊犁等地区。夏橡树外观雄伟、根深枝茂、叶大浓郁，叶似“提琴”，果如“炮弹”，珍贵的观赏树种。

新疆葡萄大王↑

这棵“葡萄大王”属葡萄家庭中的“姆纳格”品种，其特点是皮薄多汁，个大耐贮，甘甜可口，“葡萄大王”坐落在阿衣木汗家，主人介绍他是这棵葡萄树的第五代传人。“葡萄大王”树体如苍龙升空，似巨蟒出山，根深扎入地，藤蔓展四方，叶深翠，果丰实。“葡萄大王”树龄在200年以上。该树有三大主蔓，地茎分别为118 cm，115 cm和105 cm，占地19 m×14 m，每年可产鲜葡萄1000～1250 kg。称其“葡萄大王”。

甘肃夏河县小叶杨→

甘肃省甘南藏族自治州夏河县的达麦乡吉塘村，生长着三株古老的小叶杨（Populus simonii），最大株树高19 m，胸径165 cm，另二株树高分别为19 m和18.1 m，胸径分别为146 cm和171 cm。这三株古杨相距很近，树冠交错，浑然一体，浓荫蔽日，犹如一绿色团云，突兀于村落之上。

甘肃省康县八棱体银杏

甘肃省陇南市康县王坝乡朱家庄有一棵树干奇特的银杏（Ginkgo biloba），它生长在海拔 1200 m 的公路旁。此株银杏为雌性，树高 32 m，胸围 575 cm，冠幅 27 m×18 m，枝下高 2 m，相传为三国时张飞所植，距今约 1700 多年。罕见的是，该树的主干呈八棱形体，非常清晰，并对应上面的 8 根大枝，一棱对一枝，蔚为壮观。树冠上部虽遭雷击，但树势仍很健旺，保持正常结实，1996 年产约 200 kg 果实。

甘肃省灵台县新集古柳

←甘肃省平凉市灵台县新集乡宋家崖湾路有一棵古柳（Salix matsudana），树高 18 m，胸围 670 cm，冠幅 60 m^2，树干中空有树瘤，有部分裸根，树上寄生一国槐。古柳树龄约 600 年。奇特之处是在树的顶部有一专捕食麻雀的鹞子和小型鸟类同栖，养儿育女，相安无事，当为动植物界的奇事。

湖北白蜡寿星→

甘肃省甘谷县李世民手植槐

在甘肃天水市省甘谷县的六峰乡觉皇寺村，海拔 1100 m 山脚下，有一远近有名的古刹——兴国寺。在这座幽深的古刹内，有一株槐树（Sophora japonica），相传为唐太宗李世民所植，历经 1300 多年，至今生长旺盛，郁郁葱葱，花繁叶茂，被誉为“甘谷八景”之一。这株古槐，基围 9.2 m，胸围 7.35 m，在 3 m 处分成 2 桠，后又各分成 2 大枝，冠幅 24 m×28 m，树高 16 m，树干中空。相传隋末唐初，李世民在古冀（今甘谷）居住 1 年。李世民胸怀大志，为挽国家于狂澜，救百姓于水火，为了表其心愿，更在此修建一座寺院，取名“兴国寺”，意在兴国安民。并在寺内亲手植国槐 1 株。寺的后山遂称兴国山。

河南汝阳杜康古桑树

位于河南省洛阳市汝阳县杜康村，有一棵树龄 1300 余年的古桑树，树高 7 m，胸径 90 cm。古桑树又称酒树。

河南登封嵩阳书院将军柏

嵩山第一景当属汉封将军柏。河南省郑州市登封市嵩阳书院现存2株古柏（Plantcladus orientalis），民间称之为大将军、二将军。大将军高10余米，胸径255 cm。二将军柏位于大将军柏北约70 m处，树高18.2 m，胸围12.54 m，树冠幅17.8 m。虽然树皮斑驳，躯干龙钟，但是生机旺盛，枝干挺拔。树干下部已糟朽洞穿，南北相通，好像一座门庭过道，洞中能容五六个人。两根弯曲如翼的庞然大枝，左右伸张，形如雄鹰展翅，金鸡欲飞。巍巍将军柏，给嵩阳书院增添了很浓郁的感染力。

1958年经林学专家对嵩阳书院将军柏进行侧定，说是原始森林的遗物，树龄最低不能小于4000~4500年，是我国现存最古最大的柏树。虬枝挺拔，树叶繁盛，生机盎然，是河南省现存最大最古稀世名木，号称第一柏。清代李觏光赋诗曰：

翠盖摩天回，盘根拔地雄。
赐封来汉代，结种在鸿蒙。
皮沁千里雪，叶留万古风。
茂陵人已矣，此柏自青葱。

将军柏原有3株，最小的称大将军，最大的2株称为二将军、三将军，这是什么原因？这里有一段有趣的故事传说：汉元封元年，汉武帝刘彻来嵩山加封中岳后，至此游览，看见一棵古柏，树身高大，树叶茂盛，惊叹不已，信口封为大将军。再往前走，又看见另一棵柏树比第一棵大几倍，但金口玉言，不能更改，便封为二将军，当时侍从官员感到汉武帝封得不合理，向汉武帝提示：这棵树较前一棵大。武帝固执己见，说：“先入为主嘛。”随从官员也不敢强辩。再向前走，见到第三棵柏树比第二棵柏树更大，武帝说：“再大也只能当三将军了！”

河南登封嵩山大法王寺银杏

位于河南省郑州市登封市嵩山大法王寺，树龄 1100 多 年。银杏（Ginkgo biloba）属于银杏科银杏属。

河南登封崇山竺法兰手植树

东汉永平十四年（公元 71 年）。明帝刘庄为印度高僧摄摩腾、竺法兰在嵩山玉珠峰下建造大法王寺，安排二位法师翻译佛经，弘传佛法。传说此银杏树为竺法兰亲手所载，距今已近 2000 年。此树胸围 7.06 m，高 18 m。为嵩山二号树种。不知什么原因，可能是此树受千年佛法熏陶，已精灵成圣，每逢晚秋、冬季和早春，时当子夜时分，树上能传出阵阵有节奏的木鱼声和诵经声。有人不信邪，用枪打树干，仍声响不断，真是神呼！佛呼！

河南登封嵩山少林寺银杏

银杏（Ginkgo biloba）为银杏科银杏属，树龄 1500 年，一级古树。

信願勤修聖果普度群生
13

河南登封嵩山嵩阳书院侧柏

嵩阳书院，是中国古代四大书院之一，位于河南省郑州市登封市城北3公里峻极峰下，因坐落在嵩山之阳故而得名，创建于484年（北魏太和八年）。与河南商丘的应天书院、湖南善化的岳麓书院和江西庐山的白鹿洞书院并称中国古代四大书院。侧柏（Platycladus orientalis）为柏科侧柏属，树龄三百年，二级古树。

四川峨眉山香果树

位于四川省乐山市峨眉山市峨眉山蕨坪坝。香果树（Emmenopterys henryi）为茜草科香果树属。

四川峨眉山润楠

此株润楠（Machilus nanmu）位于四川省乐山市峨眉山市峨眉山二道坪。

四川峨眉山罗汉松

位于四川省乐山市峨眉山市峨眉山洪椿坪。罗汉松（Podocarpus macrophyllus）属于罗汉松科罗汉属。

四川峨眉山连香树

位于四川省乐山市峨眉山市峨眉山仙峰寺。连香树（Cercidiphyllum japonicum）属于连香树科连香树属。

四川峨眉山冷杉

位于四川省乐山市峨眉山市峨眉山七里坡。冷杉（Abies fabri）属于松科冷杉属。

四川峨眉山鸡桑

位于四川省乐山市峨眉山市峨眉山观心坡。鸡桑（Morus australis）别称岩桑，属于桑科桑属。

四川峨眉山红豆杉

位于四川省乐山市峨眉山市峨眉山罗汉坪。红豆杉（Taxus wallichiana var. chinensis）属于红豆杉科红豆杉属。

峨眉山川黔紫薇

位于四川峨眉山市黄湾乡张山村七组的川黔紫薇 Lagerstroemia excelsa (Dode) Chun ex S. Lee & L. Lau，树龄 1500 年。

四川峨眉山桢楠王

桢楠 (Phoebe Zhennan) 为樟科楠属，常绿乔木。此树围径 510 cm，树高 40 m，树冠庞大，树形奇特，树姿优美，是峨眉山目前最大的桢楠树，堪称“峨眉山桢楠王”，树龄 1000 余年。

四川峨眉山楠木

位于四川省乐山市峨眉山市峨眉山功德林。楠木（Phoebe zhennan）属于樟科楠属。

←湖北钟祥市白蜡寿星

湖北省钟祥市南庄村白蜡古树，树龄1000多年，胸径2 m，树干空腐，人可在树干中穿行。

湖北神农架铁坚杉王→

以“千里林海”“绿色宝库”而著称于世的湖北省神农架，在海拔1000 m的小当阳生长着一株巨树铁坚杉（Keteleeria davidiana）。此树又名铁坚油杉，高48 m，胸径245 cm，冠幅直径26 m，树冠覆盖面积约530 m^2，立木蓄积约86 m^3。传说此树生于唐朝初年，至今已有千年以上的历史，人称“千年铁坚杉王”。

湖南东安县空心大樟可做屋

湖南省永州市东安县白牙镇观田村有 1 株大香樟（Cinnamomum camphora），以其胸径 525 cm 居全省之冠。观田村大樟树已有上千年的树龄，生长地为海拔 1000 m^2，1941 年被雷电拦腰击断，由残干侧枝萌发小枝形成新的树冠，冠幅 300 m^2。

湖南龙山枫杨古树

湖南省土家族苗族自治州龙山县石碑乡的枫杨古树，树龄 1000 多年，树高 22 m，胸径 3.5 m，主干空腐，形成宽 2 m，深 2.5 m 大树洞，可在洞内圈牛。

湖南莽山华南五针松

位于湖南省郴州市宜章县南部的莽山国家级自然保护区内，树龄 100 多年。

山东临清五样松

山东省聊城市临清市城东京九铁路东侧，生长一株“五样松”，古松雄姿幽凝，顶端似群燕飞舞，冠缘如青龙探海，十分引人注目。相传“五样松”植于明代永乐年间（距今约600年），有锦衣陈氏祖居绍兴，后迁徙临清，来时选松桧幼苗5株，扭结人盆，随粮船北上，以亲乡土。到新居时，将树先植庭院，后移墓地，日久天长，长为一体。古松树高16 m，枝下高5 m，围径620 cm，老干曲折回旋，虬枝繁茂，气势雄伟，冠似巨伞，新叶吐绿，叶形各异，有针、刺、米粒、篦、喇叭五样可辨，故称“五样松”。

山东省青岛崂山区太清宫山茶树

树龄400年。

山东青岛崂山区太清宫龙头榆

山东青岛崂山区太清宫凌霄抱柏

山东青岛太清宫800多年黄杨

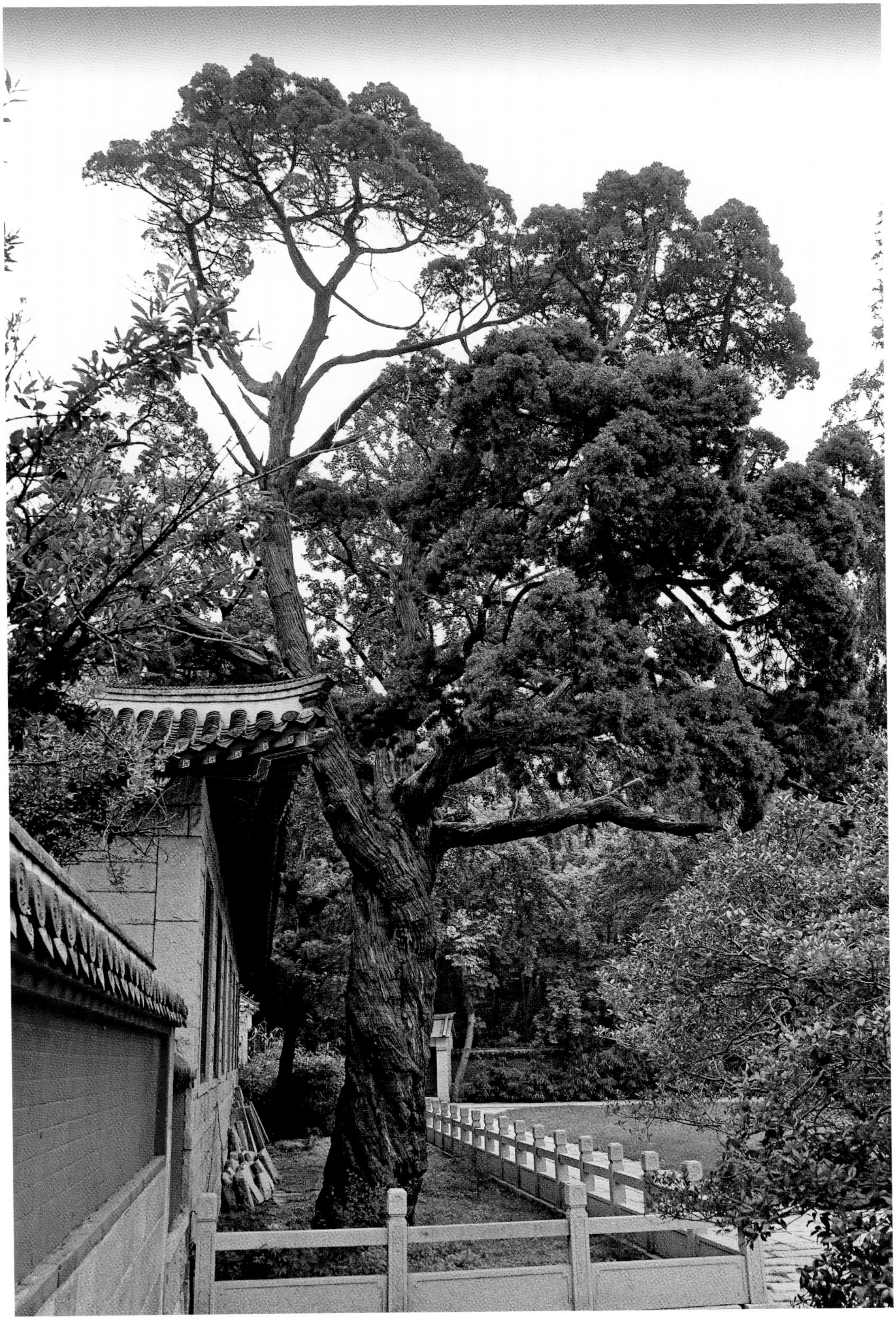

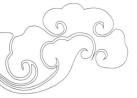

山东青岛崂山区太清宫古柏

树龄 2100 余年。

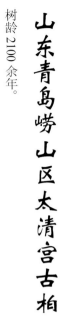

山东青岛崂山区太清宫银杏

树龄 1100 多年。

山东青島太清宫圆柏

树龄 2150 余年。

山东泰安岱庙柏树

位于山东省泰安市的岱庙汉柏（Cupressus funebris），据我国南北朝时著名地理学家郦道元所著的《水经注》里说：“泰山庙中，柏树夹阶，大二十围，盖汉武帝所植也。”又据汉《郡国志》记载，汉武帝登封泰山时植树一千多株，开创了在泰山植树的先河。在历经两千多年的风风雨雨之后，如今岱庙尚存汉柏六株，分别名曰：“汉柏凌寒”“赤眉斧痕”“古柏老桧”“岱峦苍柏”“挂印封侯”和“昂首天外”。岱庙汉柏只是我国古柏中之沧海一粟，它们身经数朝，历尽沧桑，仍枝繁叶茂，耸干参天。2000 年 12 月，这 6 株汉柏全部被列入世界遗产清单，成为泰山世界自然与文化遗产的重要组成部分，是祖国的宝贵物产资源，珍贵的历史文物。

漢柏

徽州古银杏

银杏生长慢，寿命长，千年左右的银杏不算稀罕。但是安徽省黄山市徽州区的一棵古银杏（Ginkgo biloba），却有着与徽派文化等量齐观的历史。如今这棵银杏，树高 20 余米，胸围 790 cm（胸径 251 cm），树冠覆盖面积约 1000 m^2。它虽老态龙钟，但仍然枝叶茂盛，每年尚能结果。银杏树与潜口明清古民居、清初“小西湖”古园林遗址、宋元明清历代名家书法碑刻同处一地，人们参观徽州古迹，自然忘不了瞻仰古树，生发幽思。

安徽亳州伍建章手植银杏→

安徽省亳州市蒙城县境内涡河北岸的移村乡有一株高大苍劲的古银杏（Ginkgo biloba），树高 23 m，冠幅直径 30.1 m，占地 1333.3 ㎡，主干 6 m 处分出 16 个侧枝，除向上直枝和向西侧枝曾因雷击起火，烧成枯死木外，其余侧枝生长旺盛，虽树干下部树皮已剥落，但整株银杏仍枝繁叶茂，生机盎然。精精的树干上，斑驳细长的裂痕如古稀老人脸上的皱纹，遍布树体，述说着历史的沧桑。移村乡银杏 87 岁村民张砚田老人听祖辈介绍，隋朝年间，银杏所在地曾是当朝宰相伍建章封地，其子伍云召镇守南阳时在此建伍家花园，伍建章亲手在后花园栽植了这株银杏，树龄已逾 1400 年。由于历史上淮河泛滥，水患频繁，伍家花园旧址已荡然无存，惟有古银杏历经劫难仍巍然屹立。

←安徽黄山皂荚古树

位于安徽省黄山市呈坎乡的一株古皂荚，树龄 500 年，胸径 170 cm。百年来历受雷击，1970 年修建水库又填埋 4 m 多，但它与逆境抗争不止，顽强生长，古木逢春。

安徽绩溪龙川胡氏显祖墓槠树↑

安徽省宣城市绩溪县龙川，胡氏祖墓上一株古槠树，树龄 1000 多年，树高 15 m，胸径 130 cm。胡氏家族，千百年来出了诸多著名人物，他们或驰骋商界，富甲一方，或角逐宦海，史籍留芳，或叱于沙场，战功赫赫。人因地而留香，地以人而得名。

安徽青阳古檀→

安徽省宣城市九华山青阳县西华乡古青檀，树龄 500 多年，树高 26 m，基围 9.5 m。树干古劲斑驳。

安徽九华山千年古银杏

位于安徽省池州市青阳县九华山上。是李白于唐天宝末年上九华山建立“太白书堂”时期种植的 2 株银杏树，2 株银杏树高均达 25 m，胸径分别为 120 cm，110 cm，生长壮旺，是九华山一个风景点。

江苏连云港花果山800年银杏

连云港市古树名木
NO. 2

江苏连云港花果山 800 年银杏

江苏连云港花果山800年银杏

江苏连云港花果山 900 年银杏

江苏连云港花果山 1000 年银杏

江苏扬州个园广玉兰

广玉兰（Magnolia grandiflora）位于江苏省扬州城内的东关街个园内，树龄210年。广玉兰为木兰科木兰属。

江苏扬州瘦西湖公园枯木逢春

银杏树乃是“活化石”，也是扬州市树。说起银杏，年资最久、当排榜首的就是扬州市瘦西湖公园里石塔旁那棵千年古银杏。它生于唐代，历千年风雨，虽几遭生死，现今却仍雄伟峥嵘，看起来恰似枯木逢春。这株唐代银杏遭雷劈后只剩下枯断的树干，但劈纹流畅具有观赏性。后园艺人员植北美藤本植物凌霄，攀援而上，到今年春末夏初，便花红叶茂，成为园内一景。有人也美其名曰“生死恋”。

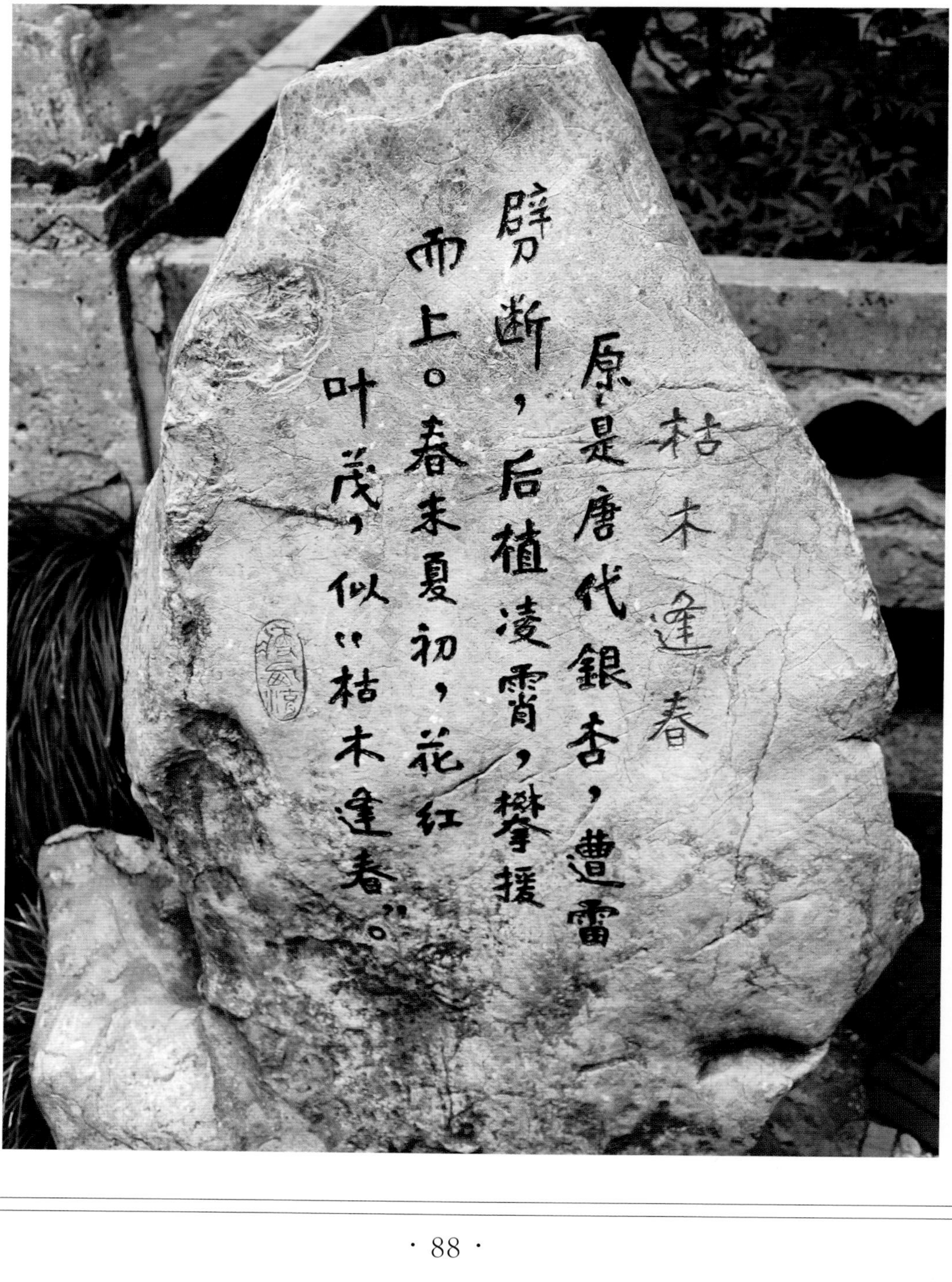

江苏扬州何园瓜子黄杨

这棵瓜子黄杨位于江苏扬州城内的徐凝门街 66 号的何园，树龄约 140 年。瓜子黄杨（Buxus sinica）为黄杨科黄杨属。

江苏扬州何园罗汉松

罗汉松（Podocarpus macrophyllus）属于罗汉松科罗汉松属，树龄 320 年。

江苏扬州瘦西湖公园女贞

女贞（Ligustrum lucidum）为木樨科女贞属。树龄 140 年。

←浙江千岛湖孪生枫香古树

位于浙江省杭州市西效淳安县境内的千岛湖金峰乡，有一株500年枫香古树，树高40 m，胸径250 cm，在树高2 m处分出两枝大小近似的树干，恰似两个孪生兄弟同根并育。“树桥”形态，又似蛟龙戏水，连同倒影呈双龙抢珠，不论从何种角度欣赏，都会令你感到大有蛟龙腾飞之势，因而，树桥也成了该村大人小孩日常玩乐之处。

浙江普陀龙凤古柏→

浙江省“海天佛国”普陀山，在法雨寺九龙殿前东侧有一株旷古圆柏（Sabina chinensis），树高仅4.5 m，离地约30 cm处分为两干，干径分别为29 cm与25 cm，两干同时以两个对称侧竖的“W”形弯曲而上，它不仅主干弯曲，连那枝枝桠桠都跟着弯得离奇罕见，弯得自然优美，它纹理露骨，虬枝横空，顶托着两朵翠绿的青云，风格独特，姿态古雅，像一如龙似凤的巨型精制盆景。1962年10月25日，郭沫若副委员长莅临普陀山视察，当他到法雨寺时，也被这株罕见的古柏所吸引，站在树前看了又看，赞不绝口，便兴致勃勃地说：它形似“龙飞凤舞”，于是“龙凤古柏”之名由此而得。

THE GROTESQUE OLD TREES IN THE WORLD

浙江天目山古银杏

据钱江晚报报道，在临安西天目山深处，有株古银杏树，树龄12000岁，被誉为“世界银杏之祖”。这一植物“活化石”引起了世界上不少专家学者的关注。

10月21日，来自美国哈佛大学和上海医学界的专家们赶赴临安，考察这株古树和研讨银杏叶造福人类健康的巨大价值。据专家考察，银杏在一亿七千万年前与恐龙同在，后于第四冰川期濒临灭绝，独在天目山幸存，故野生银杏树非常珍贵。

临安市人民政府已将此树命名为“五世同堂”，编为001号。当地百姓精心保护这株饱经风霜的老树，让它永远健康地留在天目山上。(中新社2002年10月23日)

浙江柳杉世界的“王中王”

浙江省素以盛产大柳杉（Cryptomeria japonica）驰名神州，名列全国同种胸径之冠的柳杉，生长在丽水市景宁畲族自治县的大祭村。海拔千米的古刹时思寺东侧斜坡上，树龄已有1500余年，胸径达360 cm。该树原高50 m左右，因遭雷击断梢，现高仅存28 m，冠幅15 m×17 m。其断梢处直径在100 cm以上，树干已空心，干基空心内径460 cm（胸高内径300 cm）。即使里面放上一张大圆桌，围坐12人，仍宽敞有余。平日常有儿童入内嬉戏玩耍，夏日更是村民蔽荫纳凉的好去处。

浙江三门县倚藤→

浙江省台州市三门县海游镇下岙周村有一奇藤（Mallotus repandus），根径 58 cm，由 10 根并列株干组成，在直立 1 m 后，旋接扭曲成椅形，继斜攀侧畔苦槠枝干而上，飞越到另一株罗汉松上，再窜至附近的桂花树上……全长 30 余米的藤蔓，凌空上下翻飞腾越，婀娜多姿。尤其是 2 m 以下基干，自然界巧夺天工的太师椅造型杰作，令人拍案叫绝，过目难忘。

浙江景宁刺柏古树↑

在浙江省丽水市景宁畲族自治县大祭村，有 2 株古刺柏树，大者已倒伏，次者生机盎然。两株树龄 800 年左右，直立一株树高 15 m，胸径 148 cm，倒伏状的一株胸径据说有 160 cm。

江西宁都县古樟

江西省宁都县赖村镇古樟树，树龄 1100 多年，树高 36 m，胸径 5.4 m。

江西庐山1600年银杏

江西庐山柳杉

位于江西省九江市庐山市，柳杉（Cryptomeria fortunei）属于杉科柳杉属于，树龄约600年。

江西庐山银杏

位于江西省九江市庐山市，银杏（Ginkgo biloba），树龄 1600 多年。

福建吉田县大古杉

位于福建省宁德市古田县松吉乡。树龄 600 多年，树高 42 m，胸径 240 cm。

←福建红男绿女鸳鸯树

在福建省南平市建瓯市的建瓯万木林保护区，生长着一对树皮一红一绿的奇树，两株树紧贴在一起，相亲相爱，称为林中鸳鸯。红皮树为木羌子（Lilsea subcoriacea） 树龄 50 年，树高 9 m，胸径 25 cm，绿皮树为山杜英（Elaeocarpus sycvestris），树龄 45 年，胸径 18 cm，树高 8 m。

福建古田县古樟→

位于福建省宁德市古田县风都镇桃源村的这株古樟基部呈弧形拱形门，宽 3 m，高 2 m，犹如一座城门。它生长在村口的路中央，是村里人畜、机动车辆进出的必经之门。

福建厦门鼓浪屿樟树

樟树（Cinnamomun camphora）为樟科樟属，树龄 180 年，三级保护古树。

福建厦门鼓浪屿榕树

榕树（Ficus microcarpa）为桑科榕属，树龄 160 年，三级古树。

福建厦门连体糖胶树

此树位于福建省厦门市中山公园内。糖胶树（Alstonia scholaris）为夹竹桃科鸡骨常山属。

福建福州植物园细叶榕

细叶榕（Ficus microcarpa），树龄约 500 年。

台湾古红桧

台湾阿里山红桧古树，树龄2300多年，树高45 m，胸径12.3 m。

台湾阿里山神木

日本人 1906 年发现阿里山神木树龄超过 3000 年，1956 年遭雷击而枯萎，1997 年倒下。

台湾三兄弟

三代木

由于三代同一根株，枯而复荣，所以称它为三代木。横倒在地上的古老树根是树龄1500年的第一代。枯死后经过250年，一颗种子偶尔飘落其上，藉枯树为养分，又生长第二代，二代木根老壳空，经过300年又生出第三代，枝叶茂盛。

台湾一号巨木

树种为红桧（Chamaecyparis formosensis），树龄约1500年，胸围9.8m，树高25m。

台湾四号巨木

树种为红桧（Chamaecyparis formosensis），树龄约 800 年，胸围 5.1 m，树高 26 m。

西藏拉萨古柳

西藏巨柏王

巨柏（Cupressus gigantea），又称雅鲁藏布江柏木，藏语称“拉薪秀巴”，是西藏的特有树种，被列为国家一级重点保护植物。

巨柏王生长在林芝市巴结巨柏保护点内，海拔 3040 m，树高 50 m，胸径 580 cm，十几个人环抱不能围拢，树龄 2500 年以上，被誉为中国柏科树木之最。巨柏王树干挺立，树冠庞大，气势雄伟，枝叶繁茂，生机勃勃，果实累累。正因为如此，当地藏民以崇敬的心情把它奉为神树，世代相传，备加爱护，经常转圈朝拜，祈求添福增寿。巨柏材质优良，纹理瑰丽，赋有光泽，坚韧耐腐，且具香气，广为藏族群众所喜爱。

西藏林芝地区的大柏树林

西藏自治区林芝市有一片罕见的千年柏树林，其中树龄千年以上的圆柏树100多株，最大一株“西藏柏树王”，树径3.5 m。树龄2500多年。

西藏林芝千年古柏

林芝千年古柏，历尽沧桑它多次经雷劈打，导致树干折枝、倒地，但还能顽强生长。

重庆铜梁古榕树门

重庆市铜梁县巴川镇有一株黄葛榕，树龄 500 年，胸径 110 cm，气根入地生长，形成一拱门。

重庆南川木波罗

位于重庆市南川区北郊。南川木波罗（Artocarpus nanchuanensis），为桑科波罗蜜属。

重庆南川银杏

重庆市南川区金佛山大河坝银杏（Ginkgo biloba）。

重庆杨家沟银杏

重庆市南川区金佛山杨家沟古银杏。

重庆南川武当玉兰

武当玉兰（Yulania sprengerii）位于重庆市南川区金佛山莲花。

重庆开县崖柏

重庆市开县温家岩崖柏（Thuja sutchuenensis）。

重庆南川连香树

重庆市南川区金佛山老梯子连香树（Cercidiphyllum japonicum）。

贵州福泉县天下第一银杏树

在贵州省黔南布依族苗族自治州福泉县黄丝乡李家湾村，海拔 950 m 处，生长着一株大银杏树（Ginkgo biloba），为雄株，树高 38.5 m，胸径 479 cm，平均冠幅直径 27 m, 在距地面 3.5 m 以上主干有 6 个分枝。据查证，为我国银杏树中胸径最大的一株，树龄千年以上，称为“天下第一银杏”。2001 年 8 月，载入吉尼斯纪录。该银杏树离地面 5 m 高处，曾被雷击火烧，形成内径 3.5 m 的大空洞。

贵州安龙榕树根桥

贵州省黔西南布依族苗族自治州安龙县石头寨榕树根桥，3 株树龄 300 年的古榕，树根相互交织一起，形成 13 m 长的“树根桥”。

云南昆明中国第一桉

蓝桉（Eucalyptus globulus）属于桃金娘科桉属，是云南分布较广的树种，从19世纪末从澳大利亚引种入滇以来，至1986年统计，云南省已有4亿株以上，此株巨桉树位于云南省昆明市，树高近30余米，胸围1.88 m，树龄约100年，枝干巍峨挺拔，枝叶浓郁苍翠，极具审美观赏价值。1990年被“国际桉树研讨会”确认为中国最粗大的一株桉树，命名为“中国第一桉”，并被列为《云南省重点保护古木古树名录》。

云南山茶王

生长于云南省保山市腾冲县马站镇朝云村十四社，海拔 1870 m，年最高气温 27℃，最低气温 1℃。树冠 10.2 m，树高 15 m，树围 2.38 m，直径 75 cm。

云南腾冲红豆杉王

生长于云南省保山市腾冲县马站镇兴华村沟四社，海拔 1870 m，年最高气温 27℃，最低气温 1℃。树冠 21.2 m，树高 54 m，树围 670 cm，直径 2 m，13.2 m。

云南腾冲大树杜鹃

大树杜鹃（Rhododendron protistum var. giganteum）是国家二级重点保护野生植物，位于云南腾冲高黎贡山国家级自然保护区内。树龄约 500 年。英国从云南引种的大树杜鹃长了 38 年才开花，大树杜鹃被认为是高黎贡山国家公园代表性观赏植物，具有极高的保护价值和观赏价值。

云南腾冲县银杏王

生长于云南省保山市腾冲县固东镇江东村陈家寨三社，海拔 1704 m，年最高气温 28℃，最低气温 3℃。村冠 17.8 m，树高 39 m，树围 580 cm，直径 1.84 m。

云南大理苍山马缨杜鹃

马缨杜鹃（Rhododendron delavayi）属于杜鹃花科杜鹃属，树龄一百多年。位于云南省大理市漾濞县漾江镇苍山西坡。分布海拔约 2500~3000 m，约有数万株，每到 3 月份，马缨杜鹃竞相盛开，成为苍山一大奇观。

云南红河泸西永椿香槐

位于云南省红河州泸西县向阳乡。永椿香槐（Cladrastis yunchunii）是为纪念已故植物学家徐永椿先生命名的香槐属一新种，分布于泸西县石灰岩发育区域，数量稀少，该株永椿香槐胸径约 2 m。

云南德宏芒市菩提树

位于云南省德宏自治州潞西市芒市，树龄200多年。据傣文史料记载，清乾隆五十三年（公元1778年），芒市第十七世土司放愈著为纪念一场胜利战争而修建此塔。塔由砖石砌成，呈八角形，神龛内竖着佛像，塔身天长日久出现了裂缝，榕树种子被风或鸟带到了塔缝中生根发芽，于是古塔就渐渐被榕树包起来，形成树包塔奇观。如今塔顶上的树已高达30余米，树冠覆盖近1000m^2。塔就是树，树也就是塔。

云南大理才村黄葛树

Ficus virens var. sublanceolata 树龄 300年。

广西富川秀水枫杨桥

在广西壮族自治区贺州市富川瑶族自治县朝东镇秀水水楼村前小河边的“树桥”呈妖美玲珑的姿态，令观者为之赞叹 。“树桥”实为一株倒伏而长的枫杨（Pterocarya stenoptera）。“树桥”形成已有 65 年。这株枫杨树干长 19.4 m，胸围 190 cm，冠幅 174.24 m^2。小河宽 7.4 m，枫杨横卧小河上，树根在南岸，树梢搭在北岸之上，形成“树桥”，人们可从颇有同感行走。“树桥”奇特无比，恰到好处的两在弯曲，自然形成倒伏状的 S 形，最大拱跨度为 4.4 m，半径为 1.8 m，中间弯部浸入水中，露出水面只 0.4 m，支撑着整座“树桥”的平衡，形成了一座稳当牢固的“树桥”。

广西阳朔古榕

距桂林市阳朔县城 7.5 km 的高田乡金宝河南岸，有一株枝叶婆娑的古榕，树高 17 m，胸径 224 cm，树围 700 cm，覆盖面积近千平方米，其中一枝径 60 cm，横出 10 余米，离地约 1 m，如潜龙猛出，甚是奇特。相传植于晋代，距今 1300 多年。树大且老，与周围的碧水，青山构成了一幅美丽的田园诗画。曾是电影《刘三姐》的主要外景拍摄地，现已被开辟为阳朔的主要旅游景点。

广西北海合浦县见血封喉

位于广西壮族自治区北海市合浦县山口镇永安村。树龄五百年，胸径 1.2 m，树高 26 m。

广西东兴市古柿树

位于广西广西壮族自治区防城港市东兴市，树龄 1100 多年，柿（Diospyros kaki）属于柿科柿属。

广西大新县蚬木

位于广西壮族自治区崇左市大新县。蚬木（Excentrodendron tonkinense）属于椴树科蚬木属。树龄1500多年。为国家一级（珍贵）古木。

海南五指山盆架树

这株盆架树（Winchia calophylla）位于海南省五指山市，树龄约500年。

海南海口爪哇木棉

爪哇木棉（*Ceiba pentandra*）又称吉贝，属于木棉科吉贝属。树龄 80 年。

广东增城千年仙藤

千年仙藤位于广东省广州市增城区，距何仙姑庙300 m，迄今1300多年历史，相传是何仙如五彩祥云丝带纪化而成，该藤枝叶繁茂，四季长青，覆盖面积达900 m^2，藤茎如龙起舞，气势磅礴，当地民众称之为“盘龙古藤”。仙藤六月开花，八月结果。花开时节，白花如雪，清香弥漫，蜂飞蝶舞。经鉴定，该藤为蝶形花科鱼藤属，学名为“白花鱼藤”。藤茎最粗部分周长为220 cm，为目前世界白花鱼藤之冠。

广东广州古榕

古榕树位于广东省广州市增城区埔心村老村口，这是典型的岭南村落构成要素，即村口一棵古榕树，村前一口风水塘。埔心村的古榕树相传为明代汤氏祖先在此建村时所栽，距今已有四五百年历史，寓意家庭如同榕树一样，根基永固、开枝散叶、发展壮大，希望榕树能福荫子孙。

广东广州增城区乌榄

乌榄(Canarium pimela)属于橄榄科橄榄属，树龄约280年。

广东洪秀全手植龙眼树

广东省广州市花都区新华镇官禄村洪秀全故居纪念馆旁，有一池塘，碧水莹莹。塘边有一棵葱茏多姿的龙眼（Dimocarpus longan）树。树高 6.7 m，冠幅 132 m^2。远看像一条苍劲的卧龙，有龙头和龙尾，树身好似披甲带鳞。“龙体”上有五条分枝，像 5 根铁柱，树冠葱郁，复叶凤羽，犹如一顶皇冠，仿佛一位神人立于天地之间。据说，这棵龙眼树是洪秀全 13 岁（1826 年）时种的。那时村里人鼓励农民在井边种树，一来可以起澄清井水的作用，二来谁种了长大定能成大器。当时洪秀全县试入选，便在井旁种下这棵龙眼树。

广东广州古树

广州市1985年第一批古树名木，一级古树，树龄304年，位于越秀区黄花公园横门西边。

广东从化古格木

广东省广州市从化区神岗镇大坳村。大坳村有3株大格木古树，最大一株树龄500多年，树高21 m，胸径120 cm，树头有大树洞常有鼠蛇出没。另2株较小些，树龄也达400多年，胸径为1 m，树高均达20 m。

广东广州萝岗古樟树

在广东省广州市萝岗镇火村小学内，有一棵古樟树，树龄900多年，胸径2.1 m，树高26 m，古樟树孖生一株小叶榕古树，是近百年小叶榕种子落在樟树的树洞内发芽成长为另一株古树，两株古树共生同荣，独特一景。

广东广州黄浦区古树海红豆

广州市1985年第一批古树名木，树龄314年，位于广东省广州市黄埔区南海神庙浴日亭东侧。唐王维有诗云："红豆生南国，春来发几枝，愿君多采撷，此物最相思。"又有诗形容它："红豆相思三百年，波罗遥望越千年。"

海红豆又称红豆、相思红豆、鸡翅木。红豆树高大粗壮，树冠华美而长寿。每年仲春长出新芽，然后开花结果，仲秋成熟，果实脱荚，果实殷红。红豆子因唐朝诗人王维的《红豆诗》而闻名千古。昔日波罗诞时，游波罗的青年男女，纷纷在章丘岗的红豆树下寻找红豆子，互相馈赠表衷情，有情人终成眷属，故留下了"第一游波罗，第二娶老婆"的佳话。

广东广州黄埔区格木

位于广东省广州市黄埔 区姬堂村，格木（Erythrophleum fordii Oliv.），树龄约 100 年。

广东广州中山纪念堂木棉

木棉（Gossampinus malabarica）树龄349年。

广东番禺区石基村古树

树龄 750 多年，树高 25 m，胸径 2.2 m，古樟树经过二次雷打，多次火烧劫难，树身被雷劈开分成两半，一半树干和树枝倒地，现还顽强生长，显示出强大的生命力，古樟树是石基村独特一景，村委会立碑保护。

广东广州锦绣香江秋枫（移植）
胸径 2.5 m。

广东清远英德石门台沙口镇古樟树

华南农业大学80年降香

广东广州光孝寺古柯子树

胸径 0.8 m，树高 20 m，是僧人从印度引种栽植。也是国内最大最古老的柯子树。树龄 144 年，位于越秀区光孝寺大殿后。

广东惠东小叶榕古树

广东省惠州市惠东县稔山镇五配村古榕树。树龄 200 多年，树高 24 m，形态奇特。

广东惠州龙门罗浮山蛇形松树

广东阳春八甲镇猪血木

猪血木（Euryodendron excelsum）因其木材红色而得名，是我国特产的山茶科单种属常绿大乔木。猪血木自然分布区狭窄，适应气候、土壤能力差。天然更新不良，生长缓慢，数量少。被列为国家一级重点保护植物。这棵猪血木，长在广东省阳江市阳春区八甲镇中田村的山脚，树龄 1500 年，树高 12 m，胸围 5.3 m，平均冠幅 10 m。

广东阳春见血封喉

位于广东省阳春市，见血封喉（Antiaris toxicaria）属于桑科见血封喉属，胸径 2.88 m. 胸径 2.88 m。

广东肇庆降香黄檀

降香黄檀（Dalbergia odorifera）为蝶形花科黄檀属，树龄约 120 年，胸围 2 m，保护级别为国家三级古树。

广东肇庆100年降香

广东化州独木成林高山榕

在广东省茂名市化州市平定镇平山坡村东边，有一株树龄 500 余年的高山榕（Ficus altissima）。该树母体多已腐朽，但其 21 条气根落地生成树干，形成庞大的家族，子孙满堂，枝叶繁茂，树冠覆盖面积 2400 m^2，占地近 4 亩，一树成林，蔚为壮观。树高 34 m，最大气根直径 260 cm，夏天成群的白鹭来此筑巢，远方宾客慕名而来，目睹奇观。村民立约，永久保护古树。

小鸟天堂

小鸟天堂位于广东省江门市新会天马村，是著名的生态旅游风景名胜区、天然的赏鸟胜地，2002年“小鸟天堂”被评为“五邑侨乡新八景”之一。

“三百年来榕一章，浓荫十亩鸟千双；并肩只许木棉树，立脚长依天马江；新枝还比旧枝壮，白鹤能眠灰鹤床；历难经灾从不犯，人间毕竟有天堂”。这是著名剧作家田汉先生于1962年参观小鸟天堂后由衷的赞叹。据天马村《陈氏族谱》记载，明朝万历戊午年（1618年），由于农耕和汲水的需要，天马村民在村前挖河引水，又在河中筑了一个泥墩以改变水流方向，也许是小鸟衔来了榕树的种子，一棵小榕树在泥墩上生长起来，榕树气根落地再复为树干，树荫越长越大，成为鸟类栖息的好地方，乡人称为“雀墩”，视为“风水旺地”，并形成俗例世代加以保护。繁殖至今，变成了覆盖面积近2公顷独树成林的“鸟岛”。树上栖鸟无数，白鹭晨出暮归，灰鹤暮出朝回，各依时序、互不侵扰。每当万鸟投林或群起觅食之际，鸟群遮天蔽日，散点晴空；林中莺歌燕语、雀舞鹤翔。1933年，文学大师巴金先生应友人之邀到新会造访，乘舟游览了天马江上的“鸟岛”，巴金先生对此奇特的景色叹为观止、难以忘怀，写下美文——《鸟的天堂》并在上海《文学》刊物发表。1978年，《鸟的天堂》又收入我国小学语文教科书里，天马江上的景致遂为世人所垂青。到1982年，巴金先生又为该景点题写了“小鸟天堂”的景点名，“小鸟天堂”更加名扬海内外，游客纷纷慕名而来，并被这里独特的景色所吸引。

广东台山广海菩提树

据史料记载，南北朝梁天监元年(502年)，印度僧人智药三藏到中国传教，因受台风影响，提前在台山广海登陆，

并在乌洞（灵湖寺）种下中国第一棵菩提树。

700年前，灵湖寺一位和尚到龙岗村化缘，又将一棵菩提树种植在龙岗村。据传，这棵树是智药三藏亲手种植的菩提树的后代，龙岗村将其视为“风水树”。如今这棵菩提树已长成参天大树，树干要10位成年人手拉手才能围拢。

广东四会人面值万金

广东省肇庆市四会市罗源镇石寨管理区是人面子之乡，村边宅旁遍植人面子(Dracontomelon duperreanum)树，年产人面果约19万公斤。该管区的石寨至今仍保存着一片树龄逾400年以上的人面子林，共19株，占地面积6600 ㎡。林中有一株老寿星，树高21 m，胸围660 cm，冠幅直径25 m，是江氏六世祖江晦岩于1470年迁来石寨村时栽种的，至今已逾530年树依然枝叶繁茂，板根刚劲，苍古挺拔，年年开花结果，一般年产人面果500公斤。

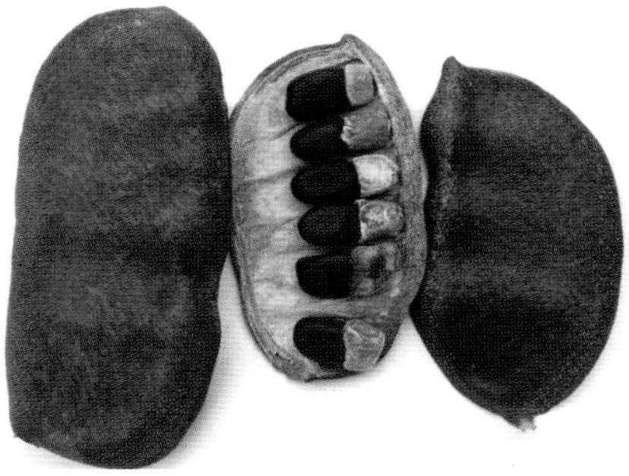

广东高州缅茄

在广东省茂名市高州市西岸区观山山麓西岸村池塘旁，耸立着一棵颇具传奇色彩的古缅茄树（Afzelia xylocarpa）。树高 18 m，胸围 850 cm，冠幅直径 33 m，是我国缅茄树中的老寿星，虽经 420 多年风雨沧桑，仍苍翠挺拔，枝繁叶茂。古缅茄的种子奇特，整粒种子明显分为两截，上半截为革质假种皮，称为蜡蒂，呈正方形或长方形，色泽金黄，质地坚韧；下半截称为核仁，宛如荔枝核，圆滑，呈黑褐色，当地雕刻艺人在蜡蒂上精雕细刻工艺品作赠礼的，高州竹枝词曾写道：“奴生西岸近莲塘，嫁与南桥何姓郎。愧我压妆无别物，缅茄刻就两鸳鸯。”

古长蕊含笑

位于广东省韶关市乳源瑶族自治县阳山县称架。大约500年树龄。极危（CR）。南岭特有种。乔木，高达15 m。

广东肇庆鼎湖山跃龙庵鸡蛋花

跃龙庵又称其观音庙，位于广东省肇庆市鼎湖山西坑的老龙潭北侧。鸡蛋花（Plumeria rubra cv. Acutifolia）为夹竹桃科鸡蛋花属，树龄约 350 年，冠幅 12m，树径 65cm，高 10m。

广东韶关南华寺香樟

香樟（Cinnamomum camphora），树龄约 400 年。

广东韶关南华寺香樟

位于广东省韶关市曲江区马坝镇的南华寺。香樟（Cinnamomum camphora）属于樟科樟属，树龄450余年。

广东韶关南华寺水松

水松（Glyptostrobus pensilis）为杉科水松属。年龄600多年。

广东新兴县鸡蛋花

位于广东省云浮市新兴县龙山国恩寺。树龄 320 年。

广东英德石桥圹古樟

位于广东省清远市英德市清圹镇石桥圹。3 株古樟树龄 400 多年。树高 25 ～ 30 m，胸径均达 100 cm 以上。3 株古樟自然形成独特的樟树林。

广东清远石角古榕

广东省清远市石角镇莲圹村有3株小叶榕古树，其中一株树龄480年，树高25 m，胸径320 cm，冠幅600 m²。古榕形态奇特，近树基部的气根形成树屋，东向一条径粗30 cm的大气根形成5 m长，形似足球拱门的形状。而南向一条气根形似翘昂像大象尾巴，远看古榕像头栩栩如生的大象。另外2株古榕树树龄也达200多年，姿态古劲，这3株古榕组成一个2000多平方米的榕树广场，成为当地居民的休闲、娱乐的好去处。

广东清远涂屋秋枫

位于广东省清远市英德市英红镇水头村委涂屋村。树龄 500 年，平均树高 20 m，平均胸围 570 cm，冠幅 10 m。

广东清远钟屋秋枫

位于广东省清远市英德市英红镇水头村委钟屋村背夫。树龄100年，平均树高25 m，平均胸围200 cm，冠幅10 m。

广东清远许屋樟树

位于广东省清远市英德市英红镇水头村委许屋村背夫。树龄500年，平均树高26 m，平均胸围720 cm，冠幅35 m。

广东清远包屋白蜡树

位于广东省清远市英德市英红镇水头村委宝屋村背夫。树龄约300年，平均树高20 m，平均胸围280 cm，冠幅7.5 m。

广东佛山顺德区树生桥

位于广东省佛山市顺德区容桂街道办的容里居委。树生桥始建于明代隆庆年间，距今400余年。树生桥是指榕树根生成的奇特桥梁，据说桥是指榕树两岸桥头分别植有榕树数株，木桥经多次修建，后桥身废烂，乡民以通心茅竹引桥畔榕树之气根多条至对岸，分别绕于原木桥的扶手、桥板之部位，长到对岸后插入地下。年深月久，几条粗壮的气根代替不了木梁，乡民便铺上木板，一座宽3 m，长6 m的树生桥就这样形成了。树生桥至今已有三百多年历史了。其气根最粗直径达30 cm。慕名而来的文学家、画家、摄影家、电影制作人等曾为树生桥创作了不少为文艺作品。树生桥远近闻名，现建成了树生桥公园。

广东佛山西樵山森林公园山牡荆

山牡荆（Vitex quinata）属于马鞭草科牡荆属，树龄约 300 年，胸径 1.3 m。

咕山含笑

Michelia gushanensis

广东罗定小叶榕古树

位于广东省云浮市罗定市加益镇石头管理区河坝村。树龄 325 年，树高 28 m，胸径 560 cm，需几人才能合抱，树冠覆盖地面积 2200 m^2。树干在离地 2 m 高处长出 9 条径粗 80 ~ 130 cm 大枝，枝走龙蛇，宛如群龙腾空，极为壮观。

广东江门鹤山古榕

广东鹤山130年土沉香古树

广东韶关细叶榕古树

广东省韶关市武江区重阳镇古榕。树龄 480 多年，树高 12 m，主干胸径 180 cm。树体倾斜，气根着地生长，形成拱门。

广东韶关南方红豆杉古树

树龄 180 多年。

广东乐昌檫木

位于广东省韶关市乐昌市五山镇。树龄600年，高17.5 m，胸径3.25 m。

广东乐昌闽楠

位于广东省韶关市乐昌市两江镇。树龄500年，高28 m，胸径1.52 m。

广东乐昌樟树

位于广东省韶关市长来镇。树龄1450年，高23.6 m，胸径3.68 m。

广东韶关120年罗汉松

广东乐昌三尖杉

位于广东省韶关市乐昌市五山镇。树龄 350 年，高 7.8 m，胸径 0.82 m。

广东韶关始兴县榕树

广东省韶关市始兴县深渡水乡坪田村，一株米椎被交织如网的榕树气根绞杀。

广东韶关“岭南米椎王”

米椎（Castanopsis carlesii）属壳斗科，另名小红栲。“米椎王”树龄达千年，生长在广东省韶关市始兴县深渡水瑶族乡坪田村勒竹坝村小组屋后山，高 30 m，直径 9 m，其板状根延伸出地面高达 1 米，有“岭南第一大椎”的美称。盛唐名相张九龄和抗日名将张发奎的故乡隘子镇，每次外出都要走经过该景区的千年古道，他们的故事在民间流传至今。

广东东莞千年秋枫树

在广东省东莞市企石镇旧围村黄氏祠堂前的一棵树龄1014年枫树。秋枫，学名重阳木(Bischofia javanica)，被列为东莞市唯一一株一级古树，被称为“东莞树王”。

据旧围村里老人介绍，据族谱记载，此树是其祖先在宋朝金兵入侵中原后从南雄宝昌府沙水村珠玑巷南迁至东莞此地建围定居后种下的，以祈求村人世代繁荣兴盛。此秋枫树已走过了宋、元、明、清各朝代，保留至今已有千年历史。不知是否因为有了“老树精”为伴，旧围村的人也特别长寿，七八十岁的人个个身强力壮，谈吐清晰，他们说村里的水好，养出了快活老人，也养出了健壮老树。

广东东莞余甘子

余甘子（Phyllanthus emblica）属于大戟科叶下珠属。树龄约 249 年。

广东东莞银瓶山三角槭

位于广东省东莞市东部谢岗镇银屏山森林公园。三角槭（Acer buergerianum）又称三角枫，属于槭树科槭属。树龄600年。

广东东莞寮步镇芒果树

位于广东省东莞市寮步镇横坑横丽湖湖边，树龄约 519 年。

广东东莞寮步镇细叶榕

位于广东省东莞市寮步镇横坑横丽湖湖边，树龄约 112 年。

广东东莞虎门细叶榕

位于广东省东莞市虎门镇沙角部队内的这株细叶榕，树龄约一百多年。

广东广州白云山管理局雕塑公园古罗汉松↑

羊城已知第三古老的古树，也是目前迁移存活最老的古树，2007 年第五批古树名木，树龄约 750 年，位于白云山管理局雕塑公园内（雕塑馆前）。广州市荣誉市民张松先生捐赠。

广东新兴县国恩寺慧能手植荔枝→

在广东省云浮市新兴县龙山国恩寺左侧的园林中，有一株由六祖慧能手植的树龄近 1300 年的荔枝（Litchi chinensis），现树高 18.2 m，胸围 372 cm，冠幅 126 m²。慧能法师来到国恩寺后，种下这棵荔枝树，历称“佛树”。清嘉庆九年，举人陈在谦曾以树作诗曰：“龙山侧生枝，仍傍卢公墓（注：慧能父母坟）。吾师手所植，树老虫不蠹。一千二百岁，旷劫等闲度。云何太支离，亦抱维摩痼。独有横出枝，翩翩入云雾……”经历千载风霜，古荔枝几经枯叶又萌发新芽，如今树干虽然空心，但枝叶旺盛。近年来，随着国恩寺的修复，对古荔枝加强了管理，时有结果实几十斤，丰年近百斤，为逢时珍贵佳果。

国画大师手植榕

在广东省广州市关村小学围墙边，长有一棵关山月大师幼时与其在该校教书的父亲共植的细叶榕，树高 20 m，胸围 8 m，平均冠幅 26 m。

鄉土情

一棵树的故事

印度农业大学德斯教授对森林中一棵树的生态价值的计算结果是：一棵生长七十年的树产生氧气价值为四万三千六百美元；吸收有毒气体防大气污染价值八万七千五百美元；防土壤侵蚀，增加肥力可创收四万三千六百美元；涵养水源价值五万两千五百美元；产生蛋白质价值三千五百美元；为鸟类提供繁衍所价值四万三千七百五十美元。不包括花果和木材的价值各项效益的总和达二十七万四千美元。这一分析引起学界广泛关注。

国外篇

Old Trees in the Others

越南河内越南黄檀

越南黄檀（Dalbergia tonkinensis）为豆科黄檀属，树龄 100 多年。

南非哈博罗内象脚树

辣木科。树干褐灰色，形状似象脚，俗称“象脚树”。树枝弯曲，羽状复叶、细小。原产非洲，近年我国华南地区引种栽培，生长良好。适宜光照好、肥沃的沙壤土。树形独特，是珍贵的观赏树种。

南非马塞卢戈壁上的孤树

南非约翰内斯堡老人葵

南非马普照托千年猴面包树

树龄 3100 多年，胸径 7.2 m，树高 28 m。

南非马塞卢千年猴面包树群落

最大一株，胸径 3.5 m，树高 30 m，树龄 1800 多年。

南非野生动物园猴面包树

树高 30 m，胸径 3.02 m，树龄 500 多年。树龄 2100 年，树高 30 m，胸径 3.8 m。

南非哈博罗内千年猴面包树群落

最大一株树龄 2600 多年，树高 30 m，胸径 6.5 m。

南非哈博罗内千年猴面包树

树龄 2800 多年，树高 35 m，胸径 9.5 m。

南非开普敦黄光榆古树

树龄 230 余年。树高 15 m，胸径 2.5 m，树干腐朽成树洞。

南非伊丽莎白港千年黄光榆

树龄约 1500 年，胸径 4 m，树高 25 m，树干中空，树洞内可站立 20 多人。

南非千年古树

南非枯古树

南非哈博罗内千年猴面包树

树龄 2800 多年，树高 35 m，胸径 9.5 m。

南非拉加罗汉松（罗汉松科）古树

南非千年罗汉松。南非植物园罗汉松古树，树龄 1200 年，主干枯腐，四个萌芽枝伏地生长萌芽枝基径 1.2 m。是南非植物独特一景。

南非枯古树

南非银叶树

树头部板根和树干酷似枪弹，树龄 200 多年，树高 30 m，胸径 2 m。

南非肯哈特千年猴面包树

树龄 3100 多年，胸径 7.2 m，树高 28 m，地树干伏地连成一体，形成“大树广场”。

南非马普托千年面包树

树龄 3100 多年，胸径 7.2 m，树高 28 m。

南非开普敦黄光榆古树

非洲芦荟大树景观

非洲坦桑尼亚野生动物园古树

澳大利亚芒果树

芒果树（Mangifera indica）。

澳大利亚昆士兰州巨桉

巨桉（Eucalyptus grandis）。

澳大利亚昆士兰州绿榕

树龄约 500 年。

澳大利亚京比贝壳杉

贝壳杉（Agathis dammara）。

澳大利亚布里斯斑古榕树

树龄 230 年，盖地 800 m^2。

澳大利亚约克角半岛覃木（茜草科）

覃木为茜草科，别名林墨尔古柏树。

澳大利亚墨尔古柏树

澳大利亚悉尼笔管榕古树

气根成网状密集于树干，形态独特。

澳大利亚墨尔本植物园赤桉古树

树龄 120 余年，树高 15 m，胸径 1.2 m。

澳大利亚巨桉

树高 45 m，胸径 1.4 m。

澳大利亚布里斯斑赤桉古树

树龄 150 余年，树高 15 m，树干空洞。

澳大利亚墨尔本赤桉树

树龄约220年，树头部空腐。

澳大利亚堪培拉赤桉古树

树龄310余年，树基部空腐，瘤状，形状奇特，树洞可容10多人。

澳大利亚堪培拉瓶干树

属于梧桐科。树龄 100 多年，树高 12 m，胸径 1.3 m。

澳大利亚墨尔本植物园香猴面包树

树形球状，形态独特。

澳大利亚墨尔本植物园香面包树

树形花瓶状。属于木棉科。

澳大利亚悉尼树木园平滑木棉大树

属木棉科。

澳大利亚帕克斯杰克逊桉古树

距悉尼 100 km，树龄 500 多年，胸径 2.5 m，树高 15 m，树干空腐。

澳大利亚堪培拉棒萼桉古树

树龄 400 年，胸径 216 cm，树干呈三角状。

澳大利亚开普敦古橡树树洞前的桉树

澳大利亚开普敦古橡树

澳大利亚墨尔本树木园奇观

澳大利亚墨尔本植物园黑子树景观

澳大利亚黑子树

黑子树（Xanthorrhoca australis R.Br）。

澳大利亚古树奇木银叶树

澳大利亚披满苔藓的古树

澳大利亚瓶干树（梧桐科）

为梧桐科。BOTTLE TREE *Brachychiton rupestris*。

澳大利亚古桉树

澳大利亚墨尔本耐干旱的树木

澳大利亚京比肯氏南洋杉

肯氏南洋杉（Araucaria cunninghamii），树龄 80 年。

The Breede River Yellowwood

澳大利亚墨尔本拉加罗汉松

属于罗汉松科。HOUON PINE Lagarostrobos tranklinii

印度克拉拉邦柚木

柚木（Tectona grandis）。

新加坡植物园香灰莉树

香灰莉树（Cyrtophyllum fragrans），树龄约 200 年。

新加坡植物园马来西亚榄仁

马来西亚榄仁（Terminalia subspathulata），树龄约 200 年。

新加坡植物园雨树

雨树（Samanea saman）为豆科雨树属，树龄 300 多年。

日本大阪古银杏树

位于大阪公园内 1 株银杏古树，树高 15 m，胸径 150 cm，树龄 1000 多年，生长壮旺，到公园的游客常在古树下纳凉。

日本东京浅草堂银杏古树

树龄 1200 多年，胸径 140 cm，树高 20 m。

日本东京浅草堂千年银杏古树

东京浅草堂离东京中心区 20 多 km，是日本著名的寺宇。寺内古树参天，其中最引人注目的是 4 株千年古树银杏。银杏古树，树高 15 m，胸径 130 cm，树龄 1200 多年，东京市政府立文保护。

日本皇宫古黑松

日本皇宫门前古松。1945 年日本天皇是在这株树旁边的古桥上向世界宣布投降的，从此二次世界大战宣告结束。

日本名古屋紫藤古树

日本名古屋光佛寺内 2 株树龄 300 多年古紫藤，占地面积超 1000 m^2，是游人休闲乘凉好去处。

澳大利亚墨尔本澳洲榕

美国加州戴维斯裂叶栎

裂叶栎（Quercus lobata）树龄 100 多年。

美国拉斯维加斯松毛仙人掌古树

美国巨人仙人掌

高大柱状，高约 15 m。位于美国亚利桑那州，树龄 400~500 年。

巨人仙人掌

巨人柱属多年生常绿肉质植物。植株高大呈柱状，有分枝呈烛台状，具锐棱，刺座有褐色绵毛，有辐射刺。花喇叭形，花瓣白色至奶油色，白天开放，夜晚闭合，花期5～6月。果肉可食，素有“仙桃”之称，果熟期9～10月。

北美红杉

位于美国加利福尼亚州的红木国家公园，树龄 1000 多年。北美红杉（Sequoia sempervirens）属于杉科北美红杉属。

北美红杉

位于美国加利福尼亚州的红木国家公园，树龄1000多年。

北美红松

红松又称红杉，属于杉科。世界现存最高的海岸红木，也是世界上最高的树是于 2006 年在美国加尼福尼亚北部发现的。该树高达 115.6 m，木材蓄积量为 500 m^3。

巴西亚马逊河原始热带林中树木绞杀现象奇观

巴西亚马逊河古树

巴西亚马逊河流古树奇木

巴西原始森林中的古树

巴西原始森林中的古树

巴西原始森林中的古树

马来西亚滨城植物园古树

炮弹树

玉蕊科，落叶乔木。夏季开花，树干上着生。总状花絮，悬垂状，花瓣外为黄绿色，花张开后花瓣内为橙红色。果实球形，茶褐色，径达15~20 cm，似古代炮弹。成年植株在树干和根部结有大量果实，甚为奇特，引人驻足观赏，为高级庭院树。

马来西亚滨城植物园炮弹树

印度尼西亚茂物植物园大乔木板根

印度尼西亚茂物植物园大乔木板根

印度尼西亚茂物植物园大乔木板根

龙树

龙树位于加那利群岛特内里费岛。树龄约 1000 年。（Dracaena draco）加那利群岛特内里费岛。

国外仿古树酒店

神奇的柬埔寨吴哥窟古城与古树奇观

吴哥窟是柬埔寨的灵魂所在，是世界文化遗产中的瑰宝，吴哥窟的造型，已经成为柬埔寨国家的标志，展现在柬埔寨的国旗上。吴哥窟始建于公元 802 年。1431 年暹罗军队攻陷了吴哥，真腊国被迫迁都金边。此后，吴哥就变成了一片废墟，淹没在丛林莽野之中，直到 19 世纪 60 年代才被法国博物学家发现。1186 年，高棉国王阇耶跋摩七世修建了带有古典风格的塔布茏寺。古树的生长破坏了几百年前的人文遗址，却成就了古树与吴哥窟融为一体的独特风景，百年古树盘根错节地生长在 800 年的古寺庙墙壁上，吴哥古迹考古学家称它为“东方四大奇迹”，被列入世界文化遗产名录。

塔布龙寺因《古墓丽影》被世界皆知，在《古墓丽影》里朱莉追着一个小女孩而进入了古墓的入口，那些震撼人心的场景就是在这里拍摄的，这也是很多影迷前来感受神秘气息的原因之一，在这里，会被自然生命力的顽强与张狂所震撼，粗壮的古树与斑驳的古寺交相映衬，百年老树早将神庙紧紧缠绕，亲身穿梭在昏暗的宫殿遗址中，仿佛穿越时光，回到那个久远的年代。吴哥的古树堪称奇迹，八百年生生不息，扎根于石缝间，抱石而生，延石蔓延，无枝无叶，躯干遒劲，如巨蟒盘缠，如飞龙在天。于废墟上傲然向上，于乱石间狂傲不羁，塔布龙寺里里外外倒塌了的石塔和围墙这一堆那一堆，挺身而立的大树东一棵西一棵，使原来规矩的寺院成了迷宫。这奇特的景观形成于自然与人文的完美结合，也带给世人一个又一个惊叹。

图书在版编目（CIP）数据

世界古树奇木 / 陈策，唐天林，卢元贤主编. — 武汉：华中科技大学出版社，2017.5
ISBN 978-7-5680-2704-5

Ⅰ.①世… Ⅱ.①陈… ②唐… ③卢… Ⅲ.①树木—世界—图集 Ⅳ.①S717-64

中国版本图书馆CIP数据核字（2017）第056662号

世界古树奇木
Shijie Gushu Qimu

陈策　唐天林　卢元贤　主编

出版发行：华中科技大学出版社（中国·武汉）　电话：（027）81321913
地　　址：武汉市东湖新技术开发区华工科技园（邮编：430223）
出 版 人：阮海洪

策划编辑：王斌　　责任监印：张贵君
责任编辑：吴文静　王清瑢　　装帧设计：百彤文化

印　　刷：深圳当纳利印刷有限公司
开　　本：889 mm × 1194 mm 1/16
印　　张：24
字　　数：300 千字
版　　次：2017年5月第1版第1次印刷
定　　价：328.00 元（USD 65.99）

华中出版

投稿热线：（020）66636689　　342855430@qq.com
本书若有印装质量问题，请向出版社营销中心调换
全国免费服务热线：400-6679-118 竭诚为您服务